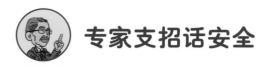
专家支招话安全

电力设施保护与人身财产安全

DIANLI SHESHI BAOHU YU
RENSHEN CAICHAN ANQUAN

姜力维 编著

王 峰 绘图

U0261139

中国电力出版社
CHINA ELECTRIC POWER PRESS

内 容 提 要

　　本书用真实生动的案例和精彩的画面还原居民用户和电力企业如何依法处理征地补偿、线屋距离、线树关系、家电损坏赔偿等案件真相，诠释了在保护电力设施和百姓人身财产安全过程中，在有利生产、方便生活、团结互助、公平合理的相邻关系原则指导下，居民用户和电力企业高扬平等保护的理念旗帜，保护电力设施与百姓人身财产安全。

　　同时，专家以案为例，说法讲理，指出了人身触电事故的违法所在，并从遵纪守法、安全生产、企业管理、个体行为等各个方面支招献策。

　　本书图文并茂，通俗易懂，法理精道，实践性强，可以作为对广大城乡居民、学校学生预防触电安全教育宣传、培训学习的教材和读物，也可作为电力企业一线员工安全生产教育、培训的参考书。

图书在版编目（CIP）数据

电力设施保护与人身财产安全/姜力维编著；王峰绘图. —北京：中国电力出版社，2015.5（2019.6重印）

（专家支招话安全）

ISBN 978-7-5123-7485-0

Ⅰ. ①电… Ⅱ. ①姜… ②王… Ⅲ. ①电气设备-保护-关系-生活安全 Ⅳ. ①TM7②X956

中国版本图书馆CIP数据核字（2015）第065356号

中国电力出版社出版、发行

（北京市东城区北京站西街19号　100005　http://www.cepp.sgcc.com.cn）

北京瑞禾彩色印刷有限公司印刷

各地新华书店经售

*

2015年5月第一版　2019年6月北京第二次印刷

787毫米×1092毫米　24开本　2印张　53千字

印数3001—5000册　定价19.00元

前　言

　　在电力生产、输配、使用的每一个环节中，由于违反电力法律法规和规程，马虎大意，疏于防范，都会造成大祸倏忽临头，生命健康瞬逝的人身触电事故，令人惊恐震撼、扼腕痛心，咀嚼事故，心有余悸。电力电能生产、输配和使用的每一个环节都离不开电力设施，因此，保护电力设施，保证其安全运行，是减少人身触电，保障人们生命健康，安居乐业，保护国家和人民财产安全的根本措施。为了教育广大群众不在电力设施保护区内从事违反电力法律法规的禁止性行为，珍爱宝贵的健康和高贵的生命，特编著绘制了本系列书。

　　本书图文并茂，通俗易懂，法理精道，实践性强，用真实生动的案例、依法合规的支招和尚酷精彩的画面还原了令人惊心动魄，痛悔不已的安全事故，诠释了珍爱人身健康，崇尚生命高贵，安全快乐幸福人生的理念和真谛。同时，专家以案说法，寓法于境，寓理于情，指出了人身触电事故的违法所在，并从遵纪守法、安全生产、企业管理、技术技能、个体行为等各个方面支招献策，预防触电。

　　可谓：言辞谆谆扣心扉，善意耿耿话安全。

　　　　　　苦口婆心送关怀，大爱无疆情无边。

　　本书介绍了电力企业和相邻关系人如何依法处理征地补偿、线屋距离、线树关系、家电损坏赔偿等案件，确保电力设施与百姓人身财产安全。

本书的出版得到了中国电力出版社相关编辑的指导和帮助，借出版之际，深表诚挚的感谢。

　　由于作者水平所限，谬误在所难免，殷切期盼各位专家和同仁，不吝赐教，批评指正，感激不尽。

姜力维

目　录

1. 线屋距离尽量远　团结互助都平安

　　高某向法院起诉称，供电公司在农网改造中，在其楼房西南角 1.5 米处架设低压电杆和裸线供电线路，且架设的线路不规范，对他一家的人身安全构成严重威胁，他多次阻止未果，因此请求法院判令供电公司迁移电杆与线路，以消除危险。

案情分析

《电力设施保护条例实施细则》规定，低压线路边导线在计算导线最大风偏时距离建筑物的距离为 1 米。不过，线路走向与房屋走向是相同的，两边线在横担上相距 1.4 米，边线距离电杆中心的距离是 0.7 米，距离高某楼的距离只有 0.8 米，显然不符合《电力设施保护条例实施细则》规定。

专家支招

电力设施和房屋所有人应尽最大注意保护对方的财产和人身安全。在勘察线路路径时，应尽量距离房屋远一点。因为线路打火有时候确实会引起火灾，造成相邻人的人身财产安全。同样，对于合乎规程的电力线路，房屋所有人也应本着团结互助的原则加以维护，既保护了国家财产又保证了自家人的安全。

2. 工程配合要依法　达成协议再施工

　　张某经市土管局批准出资 40 万元取得该市民主西路与工业路交叉处的 7800 平方米土地的使用权，用于建食品厂，地基已修好。一年后，因工业路要由 6 米拓宽到 60 米，该市把该地块划入经济开发区，同时要求供电公司将电力线路四基电杆迁移到高某的地块上。这样一来，高某的食品厂房就在电力设施保护区之内了。基于以上事实，高某起诉供电公司赔偿 70 万元损失。

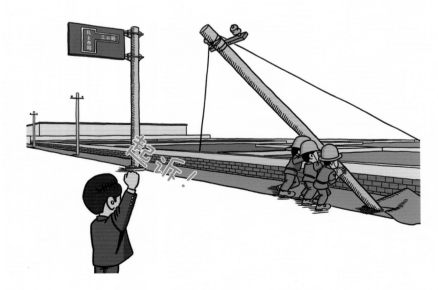

案情分析

（1）首先，高某的合法权益应得到保护，电力设施也应得到保护。因为对高某而言，已经依法出资获得土地使用权，现在栽上电杆，架上线路，其土地使用权受到侵害；对于供电公司而言，早已经存在的线路塔基占地的使用权，但迁移线路需要费用，包括应给高某四基电杆占地补偿。

（2）该次拓宽道路引起的损失应由政府负责补偿，包括高某的损失和供电公司迁移线路的费用。

专家支招

《电力设施保护条例》第二十二条规定，互相妨碍工程双方单位必须按照《电力设施保护条例》和国家有关规定协商一致，就补偿和防护措施问题达成协议后方可施工。本案未达成协议前，供电公司不应开始施工。

3. 补偿公平合法理　再行阻工违法纪

　　某供电公司建设 35 千伏线路过程中，对于塔基占地问题已经与相邻关系人李某签订了《塔基土地征占用补偿协议》，按照约定，公司杆塔占用李某耕地 33.35 平方米，一次性补偿 3000 元，作为永久性占用地的补偿。支付补偿后，上述土地占用即为有效，不得阻工。双方签字并履行协议的第二天，李某的妻子又手持政府发的土地承包责任书到工地阻工，声称妨害了她家的土地使用权，补偿太少了。

案情分析

（1）现在全国各省对于电力建设永久性占压土地，如输电线路的杆塔、拉线及有关辅助设施占地都是不征地但给予补偿，换句话说，给予征地补偿但得不到电力建设用地使用权证书。

（2）就本案而言，给予相邻关系人的补偿近乎 6 万元 / 亩，合法合理，就是因为实际给付了征地补偿但没有证书，相邻关系人手中的土地承包经责任书就成了向电力建设单位发难的杀手锏。

专家支招

告诫电力设施相邻人，如果您已经获得合法的占地补偿，就不要抓住国家电力建设征地程序的缺陷，不要钻补偿不发证书的空子，对电力建设违法阻工。根据《电力法》电力法七十条，阻碍电力建设的应受到治安处罚直至承担刑事责任。

4. 征地补偿莫剥皮　电建单位要监督

某省电网公司的高压输电工程占了韦某家的 3 亩耕地，历时 2 年之久的上访仍然没有得到补偿。推到村一级领导给韦某的答复是，国家重点工程，一级一级压下来，没有多少补偿。当韦某要求按照国家重点工程文件规定办理时的答复是，土地方，土政策。

案情分析

　　占地补偿是法定的，禁止层层剥皮。2004 年国土资源部《关于完善农用地转用和土地征收审查报批工作意见》（以下简称《意见》）规定，征地方案已经依法批准后，征地补偿安置费用应按法律规定的期限全额支付给被征地农村集体组织。还有地上附着物和青苗补偿都应该发到被占地者手中。克扣或贪占征地补偿费用是电力建设遭到阻工的一大原因。

专家支招

　　鉴于本案情况，电力建设单位应当对于征地补偿进行监督，把补偿费用实实在在发放到农民手中，使得电力建设工程顺利进行。《意见》规定，未按期全额支付到位的，市、县不得发放建设用地批准证书，农村集体经济组织和农民有权拒绝建设单位动用土地。

5. 修老房擅自拓宽　用钢撬不慎触电

供电公司架设一条 10 千伏线路边线距离刘某楼房 2.3 米。六年后，刘某老房重建，擅自向线路方向拓展了 1.1 米，这样楼房外墙距离高压线只有 1.2 米。施工中，李瓦匠站在楼房三层楼板边缘上用钢撬校正预制板时，不慎接近高压线触电致伤。

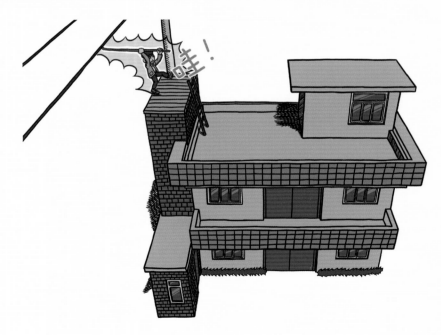

案情分析

本案房屋在前，后架设的 10 千伏线路符合《电力设施保护条例实施细则》边线在计算最大风偏情况下水平安全距离 1.5 米的规定。但是擅自拓宽 1.1 米后，只剩下 1.2 米了，安全距离严重不足，这就是安全隐患。

专家支招

（1）修建房屋时不要认为还有空间可以侵入就擅自拓宽房屋宽度，这是非常危险的建筑施工。要严格遵守技术和运行规程的规定，不能随意拓宽房屋，距离高压线越近离危险就越近，离死亡就越近。本案只是接近高压线，就击穿空气对李瓦匠放电。

（2）即使本案符合《电力设施保护条例实施细则》规定的安全距离 1.5 米，在施工时仍须给施工人员进行安全交底，配置安全监护人，不断提醒注意安全，提示纠正危险行为，最好采取隔离防护措施。

6. 线下栽树属违法　危及运行应砍伐

　　孙家屯的 14 户村民在早已运行多年的 35 千伏线路的 62 ～ 63 号电杆之间种植的速生杨高度已超出距离线路的安全距离，风雨天已多次造成线路对树放电跳闸，严重危及线路安全运行。供电公司多次督促砍树无果，公安局张贴公告也无济于事，最后申请法院先于执行才砍伐了树木。

案情分析

　　《电力设施保护条例》第十五条规定，在电力线路保护区不得种植危害电力设施安全的植物。因此本案的速生杨种植户应及时主动砍伐，排除妨害，恢复原状，并不再种植，保证电力线路安全运行。

专家支招

　　村民个人或集体种植的植物如果危害了电力设施，应主动砍伐。如果不听供电企业的劝告，供电企业可根据《电力法》第六十九条规定，请求人民政府强制砍伐。

7. 经济林木价值高　危及线路应移植

　　海南某供电公司有四条 110 千伏线路从某农科所的大王棕树苗圃上方经过。鉴于大王棕树价值高，供电公司和农科所签订了《大王棕树移植补偿协议》。协议约定，供电方补偿到位后，农科所在两年内移植完毕，并不得再行种植危及线路的植物。如有违约

供电方有权自行处理。供电方履行了协议。而农科所两年半以来无动于衷，静待线下大王棕树长到 7、8 米高了，多次造成线路跳闸，时不我待。供电公司下达了《限期砍伐或迁移危及线路运行的大王棕树通知书》，农科所置若罔闻。供电公司派员砍伐了 65 株接近高压线的大王棕树，被诉赔偿 41 万元。

案情分析

本案供电公司鉴于大王棕树经济价值高没有采取砍伐通道的传统做法，而是签订了限期移植协议，保护了相邻关系人的合法权益。但是农科所违约，致使大王棕树危及高压线的安全运行，应当砍伐。

专家支招

首先电科所应履约移植树木，其次尽管《电力设施保护条例》和《电力设施保护条例实施细则》都有规定电力企业可以自行砍伐并不支付林木补偿费等任何费用，供电方还是应该报请电力管理部门和人民政府处理危及线路运行的大王棕树，尽量不要亲自动手砍伐，造成诉讼麻烦，除非情势危急。

8. 违章建房近高压　他人触电坠楼下

　　柏林镇东升村村民甘甲、宫乙和邓兵集资建设一栋联户楼房。本来镇政府批准建二层，他们却盖了三层，楼顶距离高压线不足 2 米。某日四个小孩子来到楼顶玩耍，突然一个何姓小孩被电击摔倒擦伤，其余小孩护送何某回家。何某之父何明某见状说带我去看看，走上楼顶查看时，忽然坠楼，不治身亡。

案情分析

（1）本案三村民违反了电力法律法规禁止线下建房的规定，根据《电力法》第六十九条规定，本案违法建筑应当由政府强制拆除，否则必有后患。

（2）本来线路保护区禁止建房，镇政府批建是违法的行政行为。甘甲、宫乙和邓兵又在批建二层的基础上违法加高到三层，距离高压线不足 2 米，《农村低压电力技术规程》规定裸导线对建筑物的最小垂直距离为 2.5 米。显然不合乎规程，是很危险的。

专家支招

在供电公司劝止房屋建设人停止建房，恢复原状无效后，应报告电力管理部门或者人民政府强制拆除。如果本案建房竣工已成事实的话，电力管理部门应责令房屋所有人封闭通向楼顶的所有通道，避免未成年人在楼顶触电。

以后每次房屋所有人在楼顶进行修缮作业，都采取安全保护措施并应尽到极大的注意。

9. 违章批建属违法　收回成命除后患

江某在线下建房时，供电公司多次制止并劝其改正，恢复原状未果。江某出示政府部门的审批手续宣称合法建房。供电公司报告政府部门强拆无果。后江某取得了房产证。数年后，江某雇佣王某做楼顶防水处理时触电身亡。王某的继承人状告房屋产权人和供电公司要求赔偿。

案情分析

　　本案线路在前，江某在线下建房，违反了《电力设施保护条例》第十五条，电力设施保护区不得兴建建筑物和构筑物的禁止性规定。电力企业履行了力所能及的劝止和报告电力管理部门和政府的职责，最终无果。违法建房得逞，埋下后患。

专家支招

　　（1）供电公司遇到高压线下有审批手续的违法建房人，劝止无效后应向政府提请有关城建规划和土管部门收回成命，甚至提起行政诉讼，维护房屋建设人合法权益，保护电力设施安全运行。

　　（2）从本案可以借鉴，当时该竭尽全力制止违法建房。否则，不管多年后，还会发生人身触电事故，仍然会损害房主和电力设施产权人的合法权益，被诉赔偿。因此，房屋产权人要本着团结互助的原则，保护电力设施安全运行，不要只顾一时利益而违法建房遗留后患。

10. 无意随手触拉线 谁想竟是夺命线

电信公司违反技术规程，将通信电缆和钢绞线直接搭在供电公司的低压线路上，也没安装接地装置。结果钢绞线和电力线长期磨损，绝缘破坏，使得电信公司电杆拉线带电。

8 岁儿童杨某途径电信公司的电杆时，无意间手触电杆拉线，被电击倒地，经抢救无效死亡。杨某父母将电信公司和供电公司告上法庭，要求赔偿。

案情分析

　　根据《电力设施保护条例》第十四条规定，严禁电力线、通信线、信号线、广播线等多线合一架设。强弱线混合，互相纠缠，天长日久，绝缘破坏串电是一定发生的，人身触电也就难免。

专家支招

　　（1）供电公司和电信公司应按时巡视线路，发现隐患及时消除或者告知相邻关系人消除隐患。

　　（2）学校和家庭应教育儿童不要随手触及电力设施，因为谁也不知道是否带电。更不要摇动、攀爬电力设施，一旦带电或者倒伏都会造成人身伤亡。

11. 违法种树线路下　风雨跳闸损失大

　　某供电公司南屏 10 千伏线路风雨中多次跳闸，经查是因为王某在线路走廊种植的北京杨超高所致。供电公司多次通知王某砍树遭到拒绝，最后给王某下达了《限期砍伐树木消除隐患通知书》，王某拒签。供电公司万不得已拔刀自助，砍伐线路走廊内危及线路安全的树木，遭到了王某的阻挠和赔偿诉讼。法院驳回了王某的诉求，维护了供电公司的合法权益。中院维持了原判。

案情分析

《电力设施保护条例》第十五条规定，在电力线路保护区不得种植危害电力设施安全的植物。因此本案的北京杨种植户应及时主动砍伐，排除妨害，恢复原状，并不再种植，保证电力线路安全运行。

专家支招

（1）本案线路在前，线下不得种植树木，一旦发现线下种树，供电企业应督促相邻关系人自己砍伐，或根据《电力法》第六十九条规定，请求人民政府强制砍伐。

（2）尽量不要替代拥有树木所有权的相邻人砍伐。本案供电公司亲自砍伐，付出了一审二审的诉讼成本。

12. 企业地位皆平等　补偿到位再施工

　　某电网公司在架设线路过程中与文昌花木公司发生冲突，原因是双方对塔基占用文昌花木公司的土地事宜的补偿问题尚未达成一致意见。在强行施工过程中，损毁 500 多棵椰子树，价值 4 万多元。

案情分析

　　某电网公司与文昌花木公司是法律地位平等的企业，就补偿问题未达成一致意见之前，电网公司公司无权强行施工。2004 年国土资源部《关于农用地转用和土地征收审查报批工作的意见》指出，补偿未全额支付到位的，……农村集体经济组织和农民有权拒绝建设单位动用土地。

专家支招

　　从《物权法》平等保护财产的规定而言，也应当站在平等的地位上，维护相邻关系人的合法权益。电网公司在施工之前，一定要与被电力设施占用土地者协商一致，给予足额补偿后，方可施工。否则，就是违章行为。

13. 跨越林地不征地　要求补偿无法理

　　某省送变电公司在建设三峡输变电工程 500 千伏三峡—万州 II 回线路时经过某县某县桂坪村部分林地。施工之前，对塔基占地和砍伐线路通道的树木赔偿已经支付到位。但是，部分被线路跨越林地的所有人仍然合伙阻挠施工，要求给予补偿，造成极大的窝工损失。

案情分析

　　线路跨越的林地不征地也不补偿，这是目前我国电力建设的通行做法，符合电力法、森林法和环保法的规定。现阶段没有明文规定，架空线路跨越的所有林地都要砍伐补偿，对于非高秆的树木或者对架空线路运行不会造成危害的树木，不必砍伐，无须补偿。

专家支招

　　相邻关系人在得到依法补偿之后，不应再就不该补偿的部分进行阻工，这是违法的行为。电力建设单位可以根据《电力法》第七十条，请求公安机关对肇事人实施治安处罚，情节严重者应负刑事责任。

14. 线下违法建市场　发生火灾后患大

　　某乡镇的小商品批发市场选在交通方便的某供电公司 110 千伏线路下的两基电杆的档距中，规模很大，数十件简易房子密密麻麻连成一片，简易房子乃易燃材料构建，一旦发生火灾将烧毁高压线，造成严重的停电后果。

案情分析

《电力设施保护条例》第十五条规定，严禁线下建房。还禁止在线路保护区堆放易燃物，简易房子都是易燃材料构建的。因此，该案的行为属于严重的违法行为，必须自行迅速拆迁。

专家支招

（1）供电公司劝说市场管理部门自行迁移市场，跟他们说明，首先在高压线下的简易房子更容易起火，其次，一旦起火，除了自身的巨大损失，更要承担烧毁高压线的巨大经济损失和跳闸停电造成用户的巨大损失赔偿，第三是迁移的成本比之于火灾后的自身损失与赔偿仅仅是很小的一部分。

（2）如果晓以法理，置之不理，供电公司应当给市场管理部门下达《用电检查通知书》限期整改消除隐患，同时协调公安部门下达《消防安全隐患通知书》。如果还不能拆迁的话，供电公司应协同公安部门提请人民政府强制拆除。

15. 林木倒伏压线路　多路跳闸损失巨

　　夜晚，一场暴雨突袭古城，城区有 50 多条电路跳闸停电，铁路、医院、政府与新闻部门都受到停电影响，同时严重影响了城区人民的生活和生产。原因是风雨中大量的树木倒伏在线路上，电线坠地又把电杆拽倒，像多米诺骨牌一样，连锁倒伏，恢复工作十分艰难。

案情分析

《电力设施保护条例》和《电力设施保护条例实施细则》都规定，树木超高危及线路安全运行，树木所有人应自动修剪砍伐或政府强制砍伐，供电方砍伐也不必支付任何费用。

本案的原因就是那些早该砍伐修剪的树木没有及时砍伐修剪，以致造成如此巨大的损失。

专家支招

不准砍伐树木，一时保护了树木产权人的权益，却给国家造成了巨大的损失，作为电力客户的树木产权人也遭受了停电之苦。因此，供电方应及时巡视线路并清除违章树木危及线路安全运行的隐患，督促树木所有人及早修剪砍伐。

16. 野蛮施工断零线　电压骤升毁家电

　　某市滨湖路工地一吊车在回转提升的过程中未尽注意，将 10 千伏公用变压器低压侧的中性线刮断，滨湖区很多居民家中的彩电、计算机等家电冒烟甚至起火烧坏。

案情分析

《电力设施保护条例》第十七条规定，起重机的任何部位进入电力线路保护区进行施工，要经过县级以上电力管理部门批准并对电力设施采取安全保护措施。因此，供电公司发现未经批准野蛮施工的应予制止，劝其办理批准手续并采取安全措施。

专家支招

（1）根据《电力设施保护条例实施细则》第十一条规定，供电公司应在变压器台区设立安全警示标志，提醒施工者和行人注意安全。

（2）《电力法》第六十条第二款规定，因用户或者第三人的过错给电力企业和其他用户造成损失的，该用户或者第三人应当依法承担赔偿责任。因此，该案肇事人应对供电公司和损毁家电的用户承担赔偿责任。

17. 老房翻新勿拓宽　距离小了易触电

建筑工头丁某承包了同村张某的老房翻建工程。根据张某的要求，房屋向前拓宽 1 米。供电公司得知此时，派员前往责令其停止施工，恢复房屋原位。张某不听劝阻继续施工，令丁某继续施工。房屋封顶后，丁某手拿 2 米左右的铝合金尺杆在楼顶前沿指挥工人干活时，尺杆触及房屋前沿正上方的 10 千伏高压线，当场遭电击死亡。

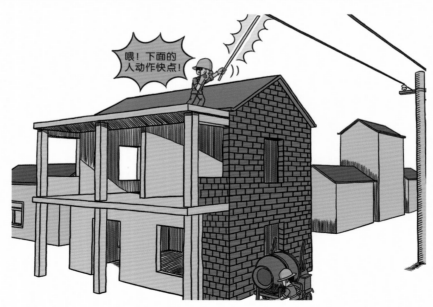

案情分析

　　张某借老房翻建之机将房身突入电力设施保护区是全国普遍存在的违反电力法律法规的禁止性行为。即使施工当时没有出现触电事故，也为今后的修缮埋下了安全隐患。即便距离足够的话，也应该报告电力管理部门批准并采取安全措施后方可施工。

专家支招

　　（1）供电公司应穷尽所有途径劝止房屋翻建人，恢复原状，消除隐患。必要时要报告行政部门和当地政府。

　　（2）告诫临近线路的房屋产权人，不要无视生命健康，贪图更大空间，故意向高压线方向拓展房屋宽度，一旦触电身伤亡，得不偿失悔终生。

18. 登杆扯线坠地残　主要责任自承担

　　小学六年级学生黄某与同村的两个同学到某矿场找废铁卖，发现矿场变压器旁边的电杆上有一段垂下的电线，就想上去拽下来，于是爬上 3.9 米高的横担，举手拽线时触碰高压引线被电击坠地，造成七级伤残。因黄某已满 13 周岁，判决黄某及其监护人承担主要责任。

案情分析

《设施条例》第十四条规定，擅自攀登杆塔是危害电力设施的违法行为。同时擅自攀登电杆导致触电也是危害人们生命健康的危险行为。不擅自攀登杆塔既有利于电力设施安全运行，又会保护人们的生命健康。

电力建设施工不规范，或者该修不修，导致留长余短，引诱捡拾行为也是未成年人触电的原因之一。

专家支招

（1）电力建设和维护维修应当规范、及时，否则留长余短就会引诱拾荒捡废的人冒险攀登杆塔和变台，酿成大祸。

（2）孩子们无法判断电力设施是否带电，最安全的做法就是告诫孩子远离电力设施，千万不要贪图小便宜，拆卸电力设施零部件卖钱，那会出卖自己健康和生命。

19. 山高线高不伐树　要求补偿无依据

　　某市送变电工程公司承建的110千伏线路其中的一段跨越两个小山头，铁塔建在两个小山头上，线路距离地面数十米。不需砍伐线路通道，不必对线下林木所有人补偿。线下林地所有人闻风前来阻工，要求给予补偿，否则不准经过林地放线。

案情分析

　　线路跨越的林地不征地也不补偿，这是目前我国电力建设的通行做法，符合电力法、森林法和环保法的规定。本案架空线路距离地面数十米，不需砍伐线路通道，当然也就不补偿。只有开通线路保护区才砍伐树木，并只是给予林木补偿费。本案不征地，不砍伐通道，所以没有任何补偿。这是合法的。

专家支招

　　线下林木所有人以不给予补偿为由，阻碍工程放线是违法的行为。电力建设单位可以根据《电力法》第七十条，请求公安机关对肇事人实施治安处罚，情节严重者应负刑事责任。

20. 违法建筑早罢手　何必强拆血本丢

　　某市王庄村民王某没有办理任何建房手续就擅自在供电公司的一条 110 千伏高压线下违法搭建厂房，供电公司的劝止和《安全隐患整改通知书》都无济于事，于是，赶紧提请区政府强制拆除违法在建厂房。区政府先后下达了行政处罚决定书，并限期户主自

行拆除。户主置若罔闻，一意孤行，执意建房。厂房建成后，线路距离房顶距离不足 3 米（《电力设施保护条例实施细则》规定为 4 米），严重危及电网安全运行。最后区政府对该厂房依法强制拆除。

案情分析

《电力法》第五十三条第二款规定，任何单位和个人不得在依法规划的电力设施保护区内修建危及电力设施安全的建筑物和构筑物。《电力设施保护条例》第十五条同样有禁止线下建房的规定。《电力法》第六十九条规定，在依法划定的电力设施保护区内修建建筑物、构筑物危及电力设施的，由当地人民政府责令强制拆除。

专家支招

违法行为，及早罢手。本案镜鉴，劝止违法建房就是保护建房人的利益，同时也保护了电网的安全运行。如果不拆除违法建筑，相邻关系人双方都有严重的安全隐患，本案的建房人不听劝止、通知和处罚，直至最后血本无归。所有线下建房者均应引以为戒。